AF586646

LA MER

ET

LES POISSONS

PAR

J.-B.-A. RIMBAUD

Auteur de *l'Industrie des eaux salées*, de *la Variabilité des organismes vivants*, etc.

Extrait du Bulletin de la Société académique du Var.

PARIS

CHALLAMEL AINÉ, LIBRAIRE-ÉDITEUR,

27, rue de Bellechasse.

1870

TOULON. — TYP. J. LAURENT.

LA MER & LES POISSONS

I

Région poissonneuse de la mer ; ses limites. — Le poisson de mer est-il ou n'est-il pas domesticable ? — Ancienneté de la question.

En considérant l'immensité de la mer et la fécondité prodigieuse, excessive, des animaux qui peuplent ce domaine, on s'imagine facilement qu'il y a là le siége d'une vie non moins étendue que le réceptacle où elle se déroule. C'est une erreur.

A l'inverse des continents, dont la flore et la faune étalent leur splendeur à peu près partout, les mers renferment leur production dans une zone relativement fort étroite. Une petite partie seulement de la surface de la terre est inculte et sans vie ; c'est le contraire qui existe sous les eaux : si le désert est là une exception, il est ici la règle ; car, autant la nature animée occupe de place sur le sol terrestre, autant elle en a peu sur le sol sous-marin. Tout ou presque tout ce que la mer contient de richesses utiles à la terre, par une admirable économie de ressorts providentiels, gît accumulé ou se meut concentriquement dans les régions riveraines ou sur les saillies du gouffre que l'on désigne sous le nom de bancs.

C'est, en effet, dans cet espace très-restreint, comparativement à l'étendue et à l'épaisseur de la masse d'eau océanique, que les principes vivifiants de la faune marine se résolvent en une incommensurable magnificence de produits divers; c'est là et non dans les profondeurs inabordables de l'abîme, que s'accomplit la révolution des lois naturelles qui assurent à la terre la jouissance des biens de la mer, en les fixant ou les faisant converger invariablement dans le périmètre des rivages.

Nous mettons nos rêves à la place de la réalité lorsque nous refusons de reconnaître les bornes auxquelles s'arrête l'élaboration des aliments que l'Océan doit à son insatiable commensale l'Humanité; nous manquons de clairvoyance lorsque, mesurant la fertilité des eaux à leur immensité, nous prétendons qu'elle est inépuisable par cela seul qu'elle est si vaste.

Voyez jusqu'où descendent, sur le talus immergé des côtes, les dernières manifestations de la flore pierreuse de la mer. Vous trouverez là une profondeur de deux cent cinquante mètres, trois cents au plus. C'est ici que finit généralement la région poissonneuse; c'est ici que commence le désert. De là aux grèves, la distance n'est pas très-considérable : vingt à vingt-cinq lieues pour quelques points où la déclivité du sol sous-marin est peu sensible; quatre à cinq lieues et quelquefois bien moins, pour la plupart des autres rivages.

Telle est approximativement la largeur du champ élaborateur et récepteur des moissons marines, la zone dans laquelle la main de la Providence sème, fait croître, distribue et retient les récoltes, selon un ordre de suprême logique excluant toute combinaison auxiliaire et ne laissant à l'homme que le soin de disposer des bienfaits de l'œuvre naturelle.

Mais si la région poissonneuse est infiniment plus réduite qu'on ne le croit, si elle ne va guère au-delà des prairies qui se développent en un vert ruban sous la nappe d'eau voisine des côtes, la procréation y est cependant si vigoureusement constituée, si prodigalement généreuse, que, pour faire jaillir de cette source une abondance intarissable, il suffirait de nous astreindre à y puiser avec un peu de cette prévoyance ménagère que nous apportons à garantir l'ensemencement de nos champs ruraux et la maturité de leurs moissons.

C'est trop difficile, paraît-il. Substituer la règle au dérèglement, la prévoyance à l'insouciance, renoncer à de grossières routines, c'est en effet bien difficile, quand l'homme est ainsi fait ou qu'il préfère souffrir de ses mauvaises habitudes que de s'en séparer. Ne demandez donc point à l'industrie des pêches d'abandonner ses procédés dévastateurs, les méthodes presque sauvages dont elle use pour opérer la capture des produits de la mer. L'habitude est une puissance qui n'abdique jamais volontairement; elle ne peut être renversée que par une révolution.

D'où viendra la révolution appelée par la nécessité de procurer la subsistance à cet accroissement de générations humaines dont le sol de la vieille Europe sera bientôt tout couvert? Grave et anxieux problème, souvent agité, dans ces derniers temps, mais toujours laissé sans solution.

En vain la science, alerte à veiller sur les intérêts de l'Humanité, a-t-elle tenté de le résoudre en essayant de multiplier et de propager les fruits des eaux par une sorte d'imitation de l'art agricole : cette idée peu pratique, conçue dans un laboratoire imparfaitement ouvert aux notions de l'expérience, n'a abouti qu'à frapper la semence du poisson et celle des mollusques d'une nouvelle cause de destruction. Il s'agissait de trouver méthodiquement un moyen sûr d'augmenter ces ressources alimentaires, et nous ne sommes parvenus qu'à découvrir un procédé infaillible à les amoindrir. Nous poursuivions l'abondance et nous nous sommes égarés dans le chemin qui mène à la disette. Aurons-nous enfin le bon sens de sortir de cette mauvaise voie ?

Voilà bien des années déjà, que nous luttons pour le triomphe de cette vérité palpable, nous ne dirons pas au sens commun, mais au sens marin, que s'il y a fatalement une culture du sol, il n'y a pas nécessairement, *ni utilement*, une culture des eaux. Vainement avons-nous écrit un livre, l'*Industrie des eaux salées* (1), afin de démontrer que la pêche modérée, la pêche judicieusement réglée est la seule exploitation raisonnable des fruits du domaine aquatique : il ne cesse de survenir de nouveaux partisans de la grande, mais folle idée, qu'il est possible de gérer la production de la mer comme nous gérons celle de la terre.

Serait-ce parce que nos assertions et nos preuves manqueraient de cette autorité du savoir et de la bonne foi qui impose la confiance? Non, puisque de l'aveu même de nos contradicteurs, notre ouvrage, « d'une grande valeur technique, écrit « avec une intelligence spéciale, plein de renseignements pré- « cieux et d'indications lumineuses, révèle autant de netteté « dans les vues que de conscience et de talent dans la manière « de les exposer, et se résume en exprimant des convictions « laborieusement acquises ». C'est donc parce que dire vrai n'est pas absolument le moyen d'être convaincant auprès des personnes trop attachées à de brillantes illusions.

Selon ces esprits doués d'une imagination ardente, aussi éclairés que généreux, mais peut-être étrangers à ces questions de la mer et des poissons, ordinairement peu familières aux hommes de science, nous nous serions trop hâté de condamner l'aquiculture en la jugeant, d'abord, par les échecs

(1) 1 vol. in-8° ; 6 fr. ; Challamel aîné, éditeur, 27, rue de Bellechasse, Paris.

qu'elle a subis et, ensuite, par cette considération qu'il est impossible de reproduire dans des viviers, quelque spacieux qu'ils soient, les conditions nécessaires au développement de la faune marine. Afin de faire ressortir la précipitation dont on nous accuse, on rappelle qu'il n'est pas une grande entreprise, aujourd'hui en pleine réussite, dont la prospérité n'ait été mise en doute à ses débuts.

C'est vrai, la navigation à la vapeur, l'établissement des chemins de fer, la télégraphie électrique et tant d'autres magnifiques inventions, contestées à leur origine, attestent aujourd'hui d'une manière éclatante, l'aptitude illimitée de l'homme à étendre le domaine de son industrie, par d'ingénieuses applications, aux arts, de tout ce qu'il peut saisir des éléments de force, de richesse et de grandeur préexistants dans la nature, et quelquefois même par de savantes imitations mécaniques de quelques-unes des lois naturelles. Toutefois, nous ne sachons point qu'il ait jamais réussi à asservir à sa volonté toute une série de moyens providentiels constituant l'un des systèmes du monde. Dès lors, pour toute personne qui s'occupe de l'étude des harmonies naturelles, il est évident que l'aquiculture se trouve en face de la difficulté insurmontable de traduire, dans ses réservoirs, toutes les lois du système marin, c'est-à-dire d'y créer artificiellement les conditions biologiques de la vie sous-marine, la diversité géologique des fonds, les variations de température, la proportion des eaux douces, la différence de pression, le mouvement régulier des courants, quelque chose tenant lieu de l'espace nécessaire à l'activité des poissons, et enfin tous ces milieux qui, ayant leurs assises dans l'immensité même du domaine des mers, seront par cela seul toujours insaisissables et intraduisibles.

Oh ! nous avons foi en la puissance de la science et nous sommes convaincu que cette source de tant de merveilles enfantera encore des merveilles, mais la science dont nous parlent les aquiculteurs n'existe pas, que nous sachions ; cette prétendue culture du poisson, dont l'origine remonte aux Romains et qui n'a pas fait un pas depuis deux mille ans, ces pratiques d'élevage qui infertilisent la mer sous prétexte de la fertiliser, ne sont pas la science. Quelles sont donc les raisons qui autorisent à penser que l'objection tirée de l'impossibilité de reproduire fidèlement, dans un espace restreint, les conditions variées de la mer, ne paraît pas devoir résister à un examen sérieux ?

Aux difficultés invincibles de la culture des produits marins, on oppose les difficultés, presque toujours surmontables, de la culture des produits terrestres, et, sans se demander si cette comparaison ne serait pas hors de propos, on affirme que nous devons cultiver les uns parce que nous sommes parvenus à cultiver les autres. En vain établissons-nous que rien, dans l'état constitutionnel de la faune marine, ne laisse supposer l'utilité d'une culture des richesses aquatiques ; on nous répond : « Ce ne sera pas avec des assertions et des arguments « contestables que l'on arrêtera l'élan qui pousse l'homme à se « créer de nouvelles ressources d'alimentation. »

Certes non ; les arguments ne sont pas des barrières infranchissables, mais ce n'est pas non plus par des considérations générales s'appliquant à tout et ne s'appliquant à rien particulièrement, que l'on arrive à infirmer une proposition spéciale, sérieuse et logiquement développée. Or, nous disons et nous prouvons que l'aquiculture, fût-elle une science au lieu de n'être qu'une prétention, ne cesserait pas pour cela d'être une vaine découverte.

Et, en effet, est-ce que les eaux, fertiles par elles-mêmes, ne repoussent pas toute idée d'en cultiver les fruits ? On se borne à nier ; nous affirmons et nous examinons.

Dans les champs de la mer, le succès des cultures est subordonné à la condition qu'elles seront mises à l'abri du dragage des filets balayeurs. C'est de cette condition qu'y dépend aussi la germination et le développement des semailles naturelles. Or, si le résultat immense de l'œuvre providentielle se produit pleinement sous la simple réserve de le protéger de la même manière que nous sauvegardons le résultat infime des cultures, il est complétement sans objet, au point de vue de l'intérêt général, de créer laborieusement une mesquine superfétation. L'œuvre générale protégée et assurée, il n'y a rien à faire d'une œuvre artificielle.

Ainsi, même dans le cas où les théories que nous combattons auraient un plein succès, il n'en pourrait sortir que les invirtuelles conséquences d'une invention sans portée.

Mais les obstacles qui s'opposent à la culture du poisson ne sont pas de nature à fléchir sous le joug de l'intelligence humaine. Ici, ce qui est peut-être possible scientifiquement et dans une mesure restreinte, ne l'est pas pratiquement et d'une manière générale. Nous le regrettons pour les philantropiques espérances de certains savants, il n'y a pas davantage à attendre, quant à la mer, des moyens rudimentaires de la prétendue science qui apparaît à leur esprit généreux avec les mains pleines de riches promesses pour l'avenir.

Et que l'on ne dise pas, avec trop de confiance, que la culture des eaux salées est un fait nouveau, que les savants qui s'en occupent ne désespèrent pas de la réussite de leurs tentatives et que, en l'état de la question, il n'y a pas lieu de se prononcer.

La question de savoir si le poisson est ou n'est pas domescable est vieille comme le vieux monde. Elle a dû surgir dès le jour où l'homme mangea le premier poisson qu'il eût capturé. Ce que nous savons de positif, à cet égard, c'est qu'il n'y a pas moins de vingt siècles que le problème est inutilement à l'étude.

Effectivement, les Romains ont pratiqué l'aquiculture avec une ardeur fébrile dont on peut se rendre compte en lisant les écrits qu'ils nous ont laissés. Après les Romains, bien des peuples maritimes de l'Europe, ont suivi l'exemple qu'ils leur avaient donné. Les rivages de l'Océan, ceux de la Baltique, de la Méditerranée et de la Mer-Noire portent encore des traces de leur ancienne appropriation à des procédés aquicoles. Enfin, des expériences sérieuses et nombre de fois répétées, en France, pendant douze à quinze années, viennent de démontrer le néant de ces pratiques.

II

La vie des animaux marins indissolublement liée à la vie même de la mer, c'est-à-dire au régime des eaux océaniques. — Le régime des eaux de l'Océan. — Ce que l'homme peut et ce qu'il ne peut pas, dans ses velléités de soumettre à son empire l'application des lois de la nature. — Le fluide atmosphérique et le fluide marin. — Les lois de la terre et les lois de la mer.

L'expérience a donc parlé ; elle a dit que nous essayons en vain de dompter une nature qui veut rester invinciblement sauvage ; l'expérience a dit que nous avons échoué et que nous échouerons toujours, dans cette entreprise, parce que nous ne pouvons faire que la vie normale des animaux marins ne soit indissolublement liée à la vie même de la mer, c'est-à-dire au régime des eaux océaniques. Sait-on ce que c'est le régime des eaux de l'Océan ?

C'est le mouvement oscillatoire du fluide neptunien, cette immense pulsation par laquelle se remuent et se retournent quotidiennement les couches superficielles de la plaine liquide, et c'est, outre ce renversement de la surface à l'échéance de chaque jour, la grande circulation artérielle qui s'effectue dans les profondeurs et dans toute l'étendue du vaste réceptacle des eaux salées, cette circulation vitale dont l'illustre capitaine Maury nous a révélé le merveilleux fonctionnement.

Voilà, en peu de mots, le grand phénomène qui constitue le

régime de la mer, la loi à laquelle est absolument assujetti tout ce qui respire dans cet élément. Soustrait à cette loi, l'organisme de l'animal marin, immédiatement débilité et atrophié, cesse de remplir la plénitude de ses facultés et, ainsi que ces végétaux expatriés dont la vigueur ne va pas au-delà d'une infructueuse floraison, l'animal tombe dans l'impuissance de multiplier, sinon de vivre encore et de croître.

En effet, quelques-unes des espèces marines — précisément celles dont les Romains peuplaient leurs viviers — sont susceptibles de faire exception à la règle générale de leur existence ; mais, en sortant de la vie libre, de même que certains oiseaux mis en cage, elles deviennent infécondes, ce qui ne laisse point douter que le lien unissant la vie du poisson à celle des eaux repose sur une de ces infinies combinaisons naturelles que l'homme ne peut ni maîtriser, ni traduire artificiellement. Comment s'y prendrait-il pour obtenir que le régime de la mer ne fût plus la principale condition de l'existence normale du poisson, ou pour saisir et isoler intrinsèquement avec lui des fractions de ce régime ?

Nous ne sommes pas systématiquement incrédule, mais nous avouons que nous ne prendrions pas la peine de rechercher par quel artifice une imposture aurait pu revêtir les apparences d'un miracle. En voyant un oiseau planer dans les airs, si nous étions mécanicien, nous nous sentirions entraîné à examiner s'il ne serait pas possible d'établir un système de navigation aérienne, d'après le principe de gravitation que nous avons sous les yeux ; mais nous tiendrions pour absurde *à priori* de nous lancer à la recherche du moyen d'augmenter la densité du fluide atmosphérique afin d'y trouver le point d'appui dont notre appareil navigateur aurait besoin. Nous serions peu surpris de la fabrication d'un automate qui mangeât et digérât, mais nous repousserions *à priori* l'idée de remplacer par des fonctions mécaniques les fonctions naturelles, dans l'organisme d'un être animé.

Voilà comment nous distinguons entre ce que l'homme peut et ce qu'il ne peut pas, dans ses louables velléités de soumettre à son empire l'application des lois de la nature. S'il peut quelquefois en imiter les résultats, il ne peut jamais en asservir les causes. On ne pense pas, présumons-nous, que l'homme soit capable, à l'aide d'une contrefaçon de l'œuvre de Dieu, d'émettre une image réduite de l'atmosphère terrestre. Lui serait-il plus facile de façonner une reproduction de l'atmosphère marine, de ce fluide dans lequel respire la faune des mers?

On ne l'ignore point, de même que l'air, l'eau se compose de divers éléments qui se produisent, se mêlent, s'agrègent, se consument, s'évaporent et se renouvellent dans une mesure réglée et par des voies et moyens que nous ne pouvons ni arrêter, ni modifier, d'une manière générale. S'il n'est point en notre pouvoir de régir la constitution de l'air, il ne nous appartient pas davantage d'exercer une action pondératrice sur la constitution de l'eau. L'un est aussi impraticable que l'autre, et, supposer que nous devons parvenir à vaincre la nature indomptablement sauvage de la mer, nous paraît non moins étrange qu'il le serait d'entreprendre de ranimer la nature morte des terres polaires, ensevelies sous les frimas d'un ciel inclément.

« Mais, fait-on observer, nous avons tous les jours sous les « yeux, le spectacle d'animaux arrachés à leur climat de nais- « sance et prospérant à ravir sous le nôtre, bien que pour quel- « ques-uns il présente des différences notables. On ne peut « donc pas affirmer *à priori* que le poisson seul se refusera à « subir cette loi providentielle et qu'il ne pourra sans péril « être éloigné de la grande mer. »

C'est bien là l'idée fondamentale de l'aquiculture : nous cultivons les produits du sol, donc nous devons cultiver les produits de l'eau ; nous avons acclimaté le dindon, domestiqué la poule et le lapin, nous devons réussir à domestiquer le poisson.

Vraiment, nous sommes profondément étonné de voir ainsi comparer deux ordres de choses si essentiellement différents que l'un appelle la culture autant que l'autre y est réfractaire. En effet, presque tout ce qui entoure l'homme et respire dans la même atmosphère que lui, est prédestiné à la domestication ; au contraire, tout ce qui vit dans l'abîme des eaux se dérobe à toute autre domination que celle de la nature.

C'est là, dit-on, une simple énonciation, un argument contestable. On se trompe ; c'est l'expression de la vérité affirmée par plus de deux mille ans d'expériences, tantôt abandonnées, tantôt reprises et auxquelles notre département de la marine a, durant ces dernières années, consacré dix fois plus d'argent qu'il n'en faudrait pour ramener l'abondance dans nos eaux territoriales en expropriant l'industrie des pêches de tous ses engins déprédateurs. Deux mille ans d'insuccès opposés à une prétention anti-naturelle, quoi de plus irréfutable ? Quoi de plus convaincant que l'expérience des siècles nous disant : l'aquiculture est un vain mot ; du germe d'un art si lent à s'affirmer et à se développer, il n'a pu et ne pouvait advenir qu'un avorton ?

« Doucement, nous crient les ennemis de la vérité, vous êtes « seul à soutenir cette opinion. » Qu'importerait que nous fussions seul, si notre opinion est fondée ? Les idées qui ont pour elles la logique et la raison ont bientôt fait leur chemin dans les esprits. D'ailleurs, nous ne sommes pas seul, quoi qu'on en dise : les hommes compétents sont avec nous. En voici un, par exemple, dont l'avis a une grande valeur ; c'est l'auteur des *Études sur les pêches maritimes dans l'Océan et la Médi-*

terranée (1), M. Sabin Berthelot, un savant de bonne foi qui a consacré plus de quarante ans de sa longue et laborieuse existence, à l'étude des sciences naturelles et particulièrement des secrets de la mer. Il nous écrit :

« La polémique que vous soutenez fait honneur à vos con-
« victions qui sont aussi les miennes. Après tout ce que vous
« avez déjà dit et prouvé, il serait difficile de mieux dire et de
« rien ajouter à l'illustration d'une cause que vous défendez
« avec tant d'éloquence. Vraiment, je ne sais comment il peut
« se trouver encore des gens qui contredisent vos doctrines et
« tournent le dos à la vérité. Il n'y a que les aveugles de nais-
« sance qui nient la lumière ; encore, si ceux-là ne voient pas
« le soleil, du moins en ressentent-ils la chaleur. »

Vous qui nous croyez dans l'isolement, entendez-vous cette voix autorisée qui se joint à la nôtre pour proclamer le néant de vos théories ?

Mais, si vous ne voulez pas écouter les avertissements de l'expérience, au moins étudiez la nature, afin de découvrir la cause de votre désappointement. Il ne s'agit pas d'apprendre par cœur l'anatomie si variée du poisson et de savoir combien chaque espèce a de rayons à ses nageoires : il faut seulement vous mettre à même de juger par quelles différences essentielles les lois de la mer se distinguent de celles de la terre. Ces différences sont si marquées qu'elles sautent tout de suite aux yeux du praticien. Nous les résumons ainsi :

La terre est une féconde nourrice et, en même temps, la source de toutes les richesses qui font le bien-être de l'Humanité. Toutefois, ces richesses resteraient dans leurs germes si l'homme ne les développait par son intelligent travail, par ses glorieuses entreprises ;

(1) Un vol. in-8° ; 1869, Challamel aîné, éditeur, Paris.

La mer est aussi une féconde nourrice, mais elle n'est guère que cela et elle l'est sans le secours du travail humain ;

En d'autres termes, si la terre veut être cultivée pour livrer les biens qu'elle recèle en principes et en ébauches, il n'en est pas ainsi de la mer, dont la production se parfait d'elle-même. La seule chose que l'homme ait à faire ici, c'est de recueillir avec une intelligente réserve le bienfait d'une œuvre qui se produit pleinement sans son intervention.

Voilà ce qui apparaît de l'examen des lois supérieures de gouvernement auxquelles la terre et l'eau obéissent : d'un côté, un régime qui réclame le concours du travail humain et ne saurait s'en passer ; de l'autre, un ordre de choses repoussant ce concours.

Il est vrai qu'en raisonnant ainsi, nous considérons les choses, les bêtes et les gens dans leur état et dans leurs facultés actuels, sans tenir compte de ce qu'ils ont été, ni de ce qu'ils pourront devenir par la suite des siècles, selon ce que nous enseigne la science des Lamarck, des Darwin et des Geoffroy Saint-Hilaire. S'il est exact que l'action des milieux, de l'habitude et du temps modifie et change d'une manière illimitée, les types animaux ; si de l'exercice ou du repos des appareils de l'organisme animal, résulte des transformations progressives ou régressives des races et des espèces ; si, avant d'être des habitants du sol, le cheval, le bœuf, le mouton et tous les autres mammifères ongulés avaient été des habitants de l'eau ; si la baleine et les autres cétacés, après avoir été des reptiles sauriens semblables au crocodile, ont pu revêtir la forme de poissons, en subissant la perte de leurs membres inférieurs et la transformation de leurs membres antérieurs en nageoires ; si, enfin, ce suprême perfectionnement du singe qui se nomme l'homme, peut, au premier jour, se voir détrôné par un être plus complet, plus parfait et peut-être amphibie, il n'est nullement douteux qu'une époque viendra où cette nouvelle merveille de la création fera, dans les eaux, ce que nous n'y pouvons faire; mais laissons s'accomplir les révolutions du temps et de la matière animée avant de nous croire doués de facultés que nous ne possédons pas et de prendre pour la réalité nos rêveries scientifiques.

III

Si le petit poisson était domesticable le gros le serait aussi. — Le travail humain développe, sous mille formes, les ferments de richesses variées que la terre recèle ; il n'exerce aucune action fécondante dans le domaine des mers. — La seule exploitation raisonnable que comportent les eaux salées, c'est la moisson intelligente et prévoyante. — En est-il autrement des eaux douces ? — Établissement de Cadillac.

Redisons-le, nous finirons par être compris, s'il est vrai que la répétition soit la meilleure des figures de rhétorique, dans toute discussion sur l'aptitude de l'homme à interprèter les lois de la nature et à en modifier l'application selon ses besoins ou ses fantaisies, il y a nécessairement à distinguer entre ce qu'il peut et ce qu'il ne peut faire, entre ce qui est naturel et ce qui serait miraculeux.

Hippocrate et Gallien ont des remèdes contre la maladie ; ils n'en ont point contre la mort. Galilée nous a appris que la terre tournait autour du soleil, mais la science de ce célèbre astronome n'est pour rien dans le mouvement rotatoire de la planète qui nous porte. Nous devons à Papin et à Fulton la découverte de la force motrice dont la navigation et l'industrie font, aujourd'hui, un usage presque général, mais le génie de ces hommes n'a pas créé les éléments de cette force, ni l'essence constitutive d'aucune des parties de la machine qui la développe et la met en action. En somme, si l'homme fait de grandes choses, il n'a pas cependant la puissance d'opérer des miracles.

Cela constaté, nous demandons par quel équivalent artificiel on remplacera, dans l'organisme du poisson, le fait naturel que l'on y aura supprimé en rompant le lien qui enchaîne la vie régulière de cet animal à celle de la mer?

On nous répond : « Quand nous songeons que quelques es-
« pèces de poissons pondent un million d'œufs par femelle, un
« million d'œufs dont un petit nombre parvient à être fécondé,
« nous ne pouvons admettre que l'homme doive rester éter-
« nellement inactif devant ce prodigieux gaspillage des ressour-
« ces de la nature et renoncer pour toujours à y mettre un
« terme. »

Certainement, la semence de l'eau est prolixement fastueuse, mais celle du sol n'est pas moins surabondante. — Voir la comparaison que nous avons faite de l'une à l'autre dans l'*Industrie des eaux salées*, page 179. — Si la prodigiosité séminale de la mer avorte en majeure partie, la surabondance des germes nés sur le sol est également sujette à déperdition. Pas plus sur la terre que sous les flots, nous ne disposons de moyens propres à prévenir les déchets que la nature fait elle-même de ses richesses. Ici ou là, nous ne sommes que des spectateurs passifs des intempéries frappant et arrêtant, dans sa première expansion, l'abondance de ferments qui semblaient nous promettre de riches récoltes.

Et quand votre activité est impuissante à empêcher que les fruits de vos champs, si laborieusement cultivés, ne soient ravagés, dans leur floraison, par une tardive bouffée de froid, par une pluie continue ou par une sécheresse prolongée, vous vous flatteriez de l'espoir de soustraire la production des eaux aux causes naturelles d'avortement qui l'atteignent?

Mais là n'est pas la question ; ce dont il s'agit c'est de savoir si les produit aquatiques sont susceptibles de culture. On affirme qu'ils le sont ou pourront l'être ; nous soutenons, nous, non-seulement qu'ils ne le sont pas, mais encore qu'il serait inutile qu'ils le fussent.

On oppose à notre opinion de prétendues probabilités découlant de l'ensemble des lois supérieures qui nous mènent. A notre tour, nous opposons la certitude des faits à des probabilités qui n'existent pas, et, par le témoignage des faits, de l'expérience et du temps, ces grands justiciers inexorables à condamner ce qui s'écarte des voies de la raison, nous arrivons à démontrer que, à l'inverse des champs continentaux, les champs de la mer se fécondent et épanouissent leurs moissons sous la seule influence des principes de fructification que la main divine a jetés là, complets, indépendants et exclusifs de toute coopération auxiliaire.

Donc, on s'illusionne étrangement en assurant qu'un jour viendra où « l'empire entier des mers sera soumis à la souveraine puissance de l'homme. » Que prétendons-nous faire dans cet empire, à peine accessible à nos sens, où rien ne se prête à devenir l'instrument ou l'auxiliaire de nos intentions, où tout, au contraire, se soustrait à notre influence et ne prospère qu'en liberté?

Observons que, si le petit poisson était domesticable, le gros devrait l'être également, la nature ne faisant rien à demi. Quel progrès, dans l'art de la navigation, si, par de patients et persévérants efforts, nous pouvions parvenir à dresser les grands animaux marins, le marsouin, le souffleur, le cachalot, la baleine, à remplir un office analogue à celui que nous obtenons du cheval, du bœuf, du chameau et de l'éléphant!

Malheureusement, si ce n'est heureusement, le règne de l'homme, ainsi que sa puissance fécondante, s'arrête aux rivages. La mer, il est vrai, est notre tributaire, mais elle l'est uniquement par prédestination ; elle ne l'est pas et ne peut l'être par droit de conquête, nous voulons dire par cette puissance du travail humain multipliant et développant, sous mille formes, les ferments de richesses variées que la nature a répandus sur toute la surface solide du globe. C'est ici, et non là, que « le succès doit être le couronnement du nécessaire ».

Après tout, ce que nous contestons, c'est moins le succès scientifique que l'utilité pratique de l'aquiculture. Dans notre livre, l'*Industrie des eaux salées*, nous avons écrit, page 228 : « Nous aimons la pisciculture et nous ne l'aimons pas ; nous « l'aimons pour le bien qu'elle peut faire en se renfermant dans « le rôle qui lui appartient ; nous ne l'aimons pas parce que, « née vantarde, elle assimile son importance à celle de l'agri- « culture et voudrait follement substituer son travail utile, « mais laborieux, difficile et nécessairement très-limité, à l'œu- « vre immense, universelle et se produisant toute seule, de la « nature. »

C'est, en effet, notre profonde conviction que, si les procédés artificiels sont bons à quelque chose, ce ne peut être que pour le transport du germe du poisson dans les cours d'eau déserts ou privés des espèces dont la propagation serait désirable. Hors de là, nous ne voyons pas de rôle pour la pisciculture. Evidemment, elle n'a que faire là où la nature n'a pas été dépossédée des éléments de reproduction, ni là où ils lui ont été rendus ou apportés, car l'œuvre naturelle, même dans les eaux douces, ne demande qu'à être respectée et protégée pour se dérouler expansivement.

Vous refusez de reconnaître cette vérité, dites-nous alors, nous vous prions, ce qu'il y aura à attendre de vos opérations de laboratoire, appliquées à la mer, lorsque vous aurez résolu le problème jusqu'ici insoluble de la fécondation artificielle de la semence des animaux marins, ou que, les ayant pliés à la stabulation en les affranchissant du besoin de mouvement, vous les aurez amenés à frayer dans vos réservoirs ? Mais voyez plutôt combien ce serait inutile.

Les produits marins sont tous immodifiables, tous incultivables. Tout ce qui vit dans la mer y germe, s'y développe et y parvient à maturité sans notre secours. Cependant, il dépend de nous que le niveau de cette vaste source d'alimentation monte ou descende. Nous le faisons monter en puisant à la source avec mesure ; nous le faisons descendre en exploitant la source avec âpreté. C'est tout simplement une affaire de discrétion, et, par conséquent, le seul art de cultiver les eaux, c'est la moisson intelligente et prévoyante, cet art dont l'attention s'est fâcheusement écartée depuis que l'on nous berce des illusions qu'a fait naître une fausse science.

Pourtant, affirme-t-on, la pisciculture peut au moins servir à repeupler les fleuves et les rivières. Oui si, après avoir répandu dans ces cours d'eau des œufs de poissons embryonnés, nous laissons à la nature le soin de les faire éclore et de distribuer selon ses propres lois, les alevins qui proviendront de l'éclosion. Non si, plus confiants en notre travail qu'en celui de la nature, nous entendons lui imposer une tâche qu'elle répudie.

La tâche dont la nature ne veut pas se charger c'est celle de refaire à la vie sauvage les générations d'animaux qui en ont été détournées par une éducation domestique. Comment peut-on s'imaginer que les brochets, les saumons, les lamproies, les tanches et les carpes qui auront passé leur premier âge dans des bassins d'élevage à se nourrir de substances charnues, cuites ou crues, hâchées ou rapées, soient aptes à vivre ensuite dans les eaux libres? C'est folie de croire cela, car il en est des alevins nés dans une piscine comme des oiseaux élevés en volière. En cessant d'être captifs, ils périssent de leur inaptitude à profiter de la liberté. Rendez aux champs des allouettes ou des serins après les avoir habitués à la pâtée ou à trouver leur nourriture dans une auge, vous verrez ce qu'ils deviendront.

Fausse science donc que ces théories conduisant à des résultats tout à fait opposés à ceux que leur illustre auteur avait en vue ; fausse science certainement celle dont l'application se traduit en conséquences dissolvantes de l'ouvrage naturel.

Vous ne le croyez pas. Lisez, dans le *Bulletin de la Société impériale d'acclimatation* — mois de décembre 1868 — les remarques de M. Flix, le conducteur des Ponts et Chaussées, chargé de diriger les opérations de l'atelier de pisciculture fondé à Cadillac, pour le réempoissonnement de la Garonne. M. Flix dit :

« La perte des œufs altérés pendant le voyage ou pendant « l'incubation est de peu d'importance..... La mortalité qui « frappe les alevins deux ou trois jours après leur naissance, « est quelquefois très-considérable... La mortalité après la ré- « sorption de la vésicule, c'est-à-dire à l'époque où la faim se « manifeste chez ces espèces, est la plus considérable des trois « catégories. Cette mortalité n'est déterminée, assurément, que « par un défaut de nourriture convenable et propre à être reçue « par des organes digestifs trop peu développés encore pour di- « gérer, surtout les premiers jours, les substances charnues, « cuites ou crues et râpées, qu'on offre aux salmonidés. En les « examinant à cette époque de leur vie, on les voit chercher « d'instinct à la surface de l'eau et non au fond, la nourriture « que réclame leur faim. Si on leur donne du *foie de veau* « cuit et râpé, ou une *chair quelconque*, les alevins s'y préci- « pitent dès qu'un morceau touche la surface de l'eau, mais « presque jamais ils ne le ramassent au fond du bassin. Si, au « contraire, on jette un petit moucheron à l'eau, comme il « flotte toujours à la surface, il est sans cesse pris, lâché et « ressaisi jusqu'au moment où l'un des alevins l'avale. *Avec la « nourriture artificielle les alevins meurent d'inanition*. Un « fait curieux le prouve : des alevins, évadés très-jeunes de nos « appareils de l'intérieur de l'atelier et réfugiés dans des bas-

« sins extérieurs à ciel ouvert, se sont beaucoup mieux déve-
« loppés que ceux de l'atelier, *sans recevoir aucune nourriture*. C'est qu'ils y étaient abondamment pourvus d'une « masse de petits insectes ailés ou nus, qui, en tombant dans « l'eau, y trouvaient la mort et devenaient une pâture flottante « et parfaitement convenable au goût des salmonidés. »

Franchement, ces ateliers de fabrication offrent comme une réminiscence de ces horribles viviers dans lesquels un Romain, odieusement sensuel, engraissait des murènes en les rassasiant de la chair de ses esclaves. Ces appareils de pisciculture renfermant des alevins nourris au foie de veau, donnent-ils l'espoir de repeupler la Garonne ? Non, certainement. Que ce procédé d'élevage ait un certain résultat dans les eaux d'un parc, dans des eaux domestiques, ce n'est pas douteux, mais qu'on en attende le repeuplement des rivières et des fleuves, c'est s'abuser étrangement.

Ainsi, dans les eaux douces comme dans les eaux salés, ce ne sera qu'en facilitant la réaction des forces de la nature et en évitant une trop grande dissipation des germes, que l'on pourra parvenir à remettre la production au niveau de nos besoins. Soit là ou soit ici, l'unique moyen d'obtenir de bonnes récoltes est de les faire avec un peu de discernement et de ménagement.

IV

Instruments de l'industrie des pêches. — Ses pratiques préférées. — On ne saurait attendre de l'initiative de cette industrie la modération dans les récoltes. — Devoir des gouvernements. — L'intérêt du producteur et celui du consommateur. — Le homard et la langouste.

Pour moissonner dans les eaux avec cette intelligente prévoyance dont nous parlions tout à l'heure, il s'agit de n'employer à la cueillette que des appareils graduant leur travail sur la nécessité d'épargner, en majeure partie, les produits encore imparfaits, afin de laisser, autant que possible, s'accomplir, dans ses phases successives, l'œuvre d'élaboration de la nature. Or, ce que fait l'industrie des eaux salées est absolument l'opposé de ce qu'elle devrait faire. On peut s'en assurer par l'examen de ses instruments. Elle en a de deux sortes : les instruments passifs et les instruments actifs.

Nous entendons par instruments passifs tous les engins de pêche n'offrant que le caractère de piéges fixes ou mobiles, tels que les madragues, les filets de parcs, les filets de *senche* ou d'enceinte, les rets traversiers à nappe simple ou enchevêtrée, les filets quelconques qui sont tendus verticalement ou horizontalement pour opérer leur capture sur place, en combinant leur action avec celle des courants ou du retrait de la mer, les filets flottants jetés à la surface ou à mi-fond, sur le passage des bandes migratives, et, enfin, les cordes ou palangres, les verveux.

les nasses et les lignes. Par instruments actifs nous désignons la série de filets de tous noms et toutes formes, organisés pour la poursuite du poisson, c'est-à-dire tous les appareils, grands ou petits, qui, chargés de poids et armés d'un sac pour la récolte, sont traînés sur les fonds, les uns à la voile ou à la vapeur, les autres au moulinet ou à bras.

Les instruments passifs fonctionnent pour ainsi dire comme des souricières, n'atteignent que partiellement les agglomérations poissonneuses et rejettent généralement le menu poisson. Leur emploi suppose une abondance de produits qui n'existe plus; aussi, sont-ils de plus en plus délaissés.

Les instruments actifs poursuivent les multitudes, les enveloppent, les emboursent et retiennent tout. Leur énergie peut être comparée à celle de rouleaux de foulage promenés sur une aire, ou à l'action de gauler certains arbres pour en faire tomber les fruits. Naturellement les pêcheurs préfèrent ces moyens expéditifs aux moyens lents, la pêche à la traîne, qui rémunère encore leur dur métier, à la pêche sur place, qui ne rapporte plus que de minces bénéfices. Il est facile de prévoir les résultats que cette préférence doit amener fatalement.

Au moment où nous écrivons ces lignes, nous avons sous les yeux une assiétée de fretin dont on va faire une crêpe pour notre usage domestique. Il y a là trois cent quatre-vingt-huit individus, des labres de toutes les variétés, des joues cuirassées, des sparlins, des mules et des gobies, pesant ensemble cinq cents grammes. C'est une petite partie de la capture opérée par un de ces filets racleurs, espèces de seine à chevrettes, qui, sur les côtes de Provence, portent le nom de Tartanons. Cette livre de nourriture prématurément retirée de la mer, en eût incontestablement produit plusieurs quintaux, si elle y avait été laissée pendant deux ou trois années encore. Quel gaspillage !

En vérité, ils sont bien primitifs, bien barbares, ces procédés de pêche qui détruisent ainsi les ferments d'abondance répandus dans les eaux. Au moins, ces pratiques arriérées se réduisent-elles à quelques faits isolés de maraudage dont les Hurons seraient seuls excusables ? Non, c'est l'usage général, dans la Méditerranée comme dans l'Océan, de donner aux instruments de capture une énergie qui s'accroît à mesure que le poisson devient plus rare. A voir cette inconsciente témérité, cette incroyable et navrante dilapidation des fruits du domaine social, on se croirait encore au milieu des ténèbres du premier âge du Monde, ou l'on s'imaginerait que nous traversons une de ces néfastes époques de famine pendant lesquelles toutes les règles de prudence s'effacent et disparaissent devant une nécessité impérieuse, celle d'échapper au danger de mourir de faim. Quelle insousiance de l'avenir dans cet acharnement à infertiliser, tout à la fois, les fonds du large et les fonds de la côte par un travail exterminateur des germes !

Mais la prévoyance dans la moisson on ne saurait l'espérer de l'initiative de l'industrie des pêches qui, sans rester étrangère à la civilisation, tient, cependant, à ses routines séculaires et à son insolidarité. « Si la mer, au lieu d'être une propriété indivisi-« ble de sa nature, disons-nous, page 177 de notre livre, pou-« vait, ainsi que le sol, être morcelée et adjugée par lots à des « fermiers, il est probable que la multiplication et la succession « des récoltes y seraient assurées par le même intérêt qui ga-« rantit l'ensemencement de la terre. Nous verrions là ce que « nous voyons ici, la prévoyance se subsistuer à l'insouciance, « la pensée de conserver et d'accroître faire place à l'âpre désir « de s'emparer, le plus que l'on peut, d'une chose incessam-« ment ravissable et qui, aujourd'hui, épargnée par un, sera, « demain, saccagée par un autre. Mais la mer n'est pas suscep-« tible de morcellement et, par suite, ses richesses se trouvent « à la merci d'une exploitation incontinente, entrainée par un

« intérêt immédiat, toujours pressant, à puiser le plus qu'il est « possible, à cette source que ne protègent ni les soucis du « propriétaire, ni ceux du fermier. Prendre, prendre encore, « prendre toujours, jusqu'à ce qu'il ne reste plus rien du « bien commun, c'est la seule règle d'une industrie qui ne « possède pas le fond qu'elle exploite et n'en est pas respon- « sable. »

A qui donc devons-nous demander de faire cesser « le triste « spectacle d'un grand peuple, le plus éclairé de tous, ne sa- « chant pas tirer la millième partie de sa subsistance des eaux « qui baignent les six cents lieues de sa frontière maritime ? » A qui nous adresserons-nous dans le but d'obtenir que la mer cesse d'être saccagée et infertilisée par les filets traînants, « ces « instruments de récolte qui ne peuvent fonctionner en sépa- « rant le produit développé de celui qui ne l'est pas, ces engins « balayeurs qui, atteignant et retenant tout, le fruit mûr et la « semence à peine germée, les générations naissantes plus en- « core que leurs aînées, frappent de coups dévastateurs l'œuvre « de la reproduction ? »

Evidemment, c'est le devoir des gouvernements de surveiller et de protéger l'ensemencement naturel des eaux ; c'est leur devoir de garantir, par une sage et judicieuse administration de la pêche, ce grand objet de la succession et de l'abondance des récoltes de la mer. Après Dieu, c'est à eux qu'appartient le soin d'assurer la nourriture des peuples, ce premier besoin des sociétés civilisées comme de la tribu sauvage.

Toutefois, appeler sur cet objet la sollicitude des gouvernements, c'est se donner une vaine peine, car c'est les placer en face d'une question purement pratique qui leur est à peu près inconnue. C'est du moins ce qui ressort de la crédulité avec laquelle ils ont généralement accueilli les résultats erronés de l'enquête anglaise et de l'enquête belge, sur la pêche, résultats d'autant moins dignes de confiance qu'ils se résument en une dénégation qui n'a pas le sens commun.

Non, elle n'a pas le sens commun cette prétention sophistique alléguant l'immensité du domaine des mers pour ériger en principe que l'influence de l'homme ne peut ni augmenter ni diminuer la fécondité de la faune marine. C'est le contraire qu'il est raisonnable d'admettre et qui est vrai : de l'influence de l'homme dépend absolument la fertilité ou la stérilité des régions riveraines, l'abondance ou la rareté du poisson sur les marchés.

Il ne saurait donc suffire d'éveiller l'attention des hommes d'État sur l'intéressant problème qui nous occupe ; il faut encore les mettre à même d'apprécier combien est dangereux le préjugé issu d'enquêtes plus fastidieuses que sérieuses, et combien s'éloigne de la vérité l'idée que les ichtyologistes se font de l'étendue du champ élaborateur des aliments que la terre demande à l'eau.

Ce qui importe surtout, c'est de dissiper l'ignorance presque générale, en cette matière dont la pratique n'est qu'aux mains d'une classe d'hommes aussi dépourvue d'instruction qu'elle est intelligente et intrépide ; c'est de faire pénétrer partout les notions du vrai en l'art d'exploiter sans l'épuiser l'abondance de principes nourriciers que renferment les eaux.

Tel est le but à poursuivre. Nous l'avions en vue en publiant l'*Industrie des eaux salées* et nous nous proposons de l'atteindre en soutenant avec une persévérance énergique les convictions exprimées dans cet ouvrage, fruit de trente-quatre années d'application à la recherche de la vérité.

L'expérience des temps consultée et, avec les faits de l'homme, les faits de la nature, nous disons :

L'œuvre providentielle dans les eaux s'effectue pleinement sans notre participation.

Les produits marins sont généralement incultivables.

La culture de ces produits est non seulement inutile, mais encore dangereuse ; inutile, parce que l'action naturelle y suffit : dangereuse, parce que notre intervention, dans un ordre de choses qui la repousse, n'a et ne peut avoir d'autre résultat que celui de contrarier et d'arrêter l'œuvre de la nature.

C'est improprement que l'on nomme aquiculture une industrie ne produisant rien et qui est, au contraire, une cause de ruine pour les foyers de peuplement des eaux libres dont elle exploite la production en lui faisant subir un déchet de quatre-vingt-dix pour cent au moins, sans compter le préjudice qu'elle porte à la multiplication du poisson local.

En effet, les essais de culture tentés sur divers rivages, durant une période de plus de deux mille ans, n'ont abouti qu'à des pratiques d'élevage de quelques-unes des espèces qui n'émigrent pas.

Ces pratiques ne sont donc que le monopole, entre les mains de quelques particuliers, des fruits de l'œuvre générale appartenant à tous. Elles sont un expédient commercial et non, ainsi que l'on voudrait le faire croire, un moyen d'accroissement des ressources alimentaires que la mer nous fournit.

Puisque la faune marine parvient à son complet développement, sous la seule influence de la nature, et accumule ses moissons précisément dans les parties du lit de la mer qui sont accessibles aux instruments de récolte, il est évident que de notre manière d'opérer la capture de ces précieux épanchements de richesse dépend leur abondance ou leur insuffisance.

Non plus que la terre, la mer ne peut produire abondamment si la semence lui fait défaut. Conséquemment, elle ne saurait être poissonneuse à proportion des besoins de la consommation, si les procédés de récolte dont nous y faisons usage atteignent et retiennent, tout à la fois, le fruit mûr, le fruit vert et la semence à peine éclose.

Si nous délaissions la pêche immodérée pour revenir à la pêche modérée, à la pêche intelligente, celle qui, au lieu de saccager les foyers producteurs, ménage la production en en épargnant les germes, si, pour le dire en termes techniques, nous nous interdisions absolument, dans nos eaux, l'emploi des filets de traîne pour ne recourir qu'à des filets dormants ou flottants et aux cordes, il est probable, il est même certain, que, en peu d'années, notre pêche côtière serait aussi productive qu'elle l'est peu aujourd'hui.

Voilà les idées que nous voudrions voir faire leur chemin dans l'esprit public et monter jusque vers les hautes régions gouvernementales avec une salutaire inspiration ; car, s'il est une chose à souhaiter, dans l'intérêt de la subsistance des peuples, c'est que les gouvernants et les gouvernés se pénètrent de cette vérité vraie que, pour devenir une industrie largement nourricière, la pêche sur les côtes doit remplacer ses engins follement pillards par des appareils intelligemment captureurs.

« La rareté du poisson, dit M. le docteur Turrel, dans les « *Annales des Voyages* — mois de décembre 1868 — c'est la « cherté des autres comestibles et c'est la misère pour les « classes les plus nombreuses. Un pareil mal ne saurait rester « sans remède. »

C'est convenu, mais, nous le répétons, il n'y a point à songer que les pêcheurs appliquent eux-mêmes le remède dont on sent la nécessité. Des travailleurs qui gagnent à peine le pain de leur famille à tirer tout ce qu'ils peuvent de leur œuvre journalière, sont plutôt entraînés à activer leur labeur qu'à le ralentir. La conscience se tait facilement lorsqu'elle se trouve aux prises avec le besoin péniblement satisfait. C'est ainsi que nous nous expliquons comment certains groupes de pêcheurs anglais ont osé affirmer, devant l'enquête, que les produits de leur baie multipliaient d'autant plus qu'on les décimait davantage. La même cause produisant partout même effet, nous ne serions nullement surpris de voir tous les pêcheurs de France et de Navarre se liguer pour soutenir que si la cherté du poisson est progressive ce n'est pas parce qu'il devient rare. Allez en Espagne ou en Italie, vous ne verrez pas moins couvrir, par des mensonges dénégateurs, le même acharnement à dessécher la source d'aliments que la mer renferme.

L'année dernière, dans un État qui a ses frontières maritimes sur deux mers, sur l'Océan et sur la Méditerranée, les pêcheurs étaient consultés afin de savoir s'il n'y aurait pas lieu d'interdire, durant une partie de l'année, la pêche du homard et de la langouste.

« Il y a lieu, répondaient ceux qui ne pratiquent pas ordi-
« nairement la pêche de ces crustacés, il y a lieu, parce que la
« diminution du nombre des homards et des langoustes est un
« fait. »

« Il n'y a pas lieu, disaient les interpellés intéressés à la
« question, il n'y a pas lieu, parce que la diminution n'est pas
« avérée et parce que, s'il y a de mauvaises années, il y en a
« aussi de bonnes et que, après avoir disparu de certains pa-
« rages, le homard et la langouste y reviennent en aussi grand
« nombre qu'auparavant. »

Ainsi, d'une part, affirmation et, de l'autre, négation, deux forces égales se neutralisant pour éterniser le *statu quo*.

Mais on n'en était qu'à la première moitié du problème, car il restait à fixer l'époque de l'interdiction annuelle pour le cas où il serait reconnu nécessaire de l'édicter. Grand embarras encore devant la divergence des opinions. Les riverains de l'Océan étaient à peu près d'avis que l'époque la plus propice se renfermait dans les mois de mars, avril et mai. Les riverains de la Méditerranée prétendaient, eux, qu'elle devait durer du mois de février au mois d'août. Qui donc se chargerait de mettre les pêcheurs d'accord sur les intérêts de leur industrie ?

On n'y arriverait, croyons-nous, qu'en évitant de leur demander leur avis. Pour les crustacés, ainsi que pour le poisson en général, l'époque de la ponte se manifeste par deux caractères qui ne sauraient échapper à l'attention, le degré d'avancement de la gestation, chez les femelles, et l'agglomération des espèces sur les frayères. Pourquoi néglige-t-on de consulter les faits pour s'en rapporter à des opinions plus ou moins intéressées ?

C'est parce que, dans tous les pays qui ont une marine, la profession de pêcheur, pénible entre toutes, plus périlleuse qu'aucune autre, et d'autant plus sympathique qu'elle joue un rôle utile dans la formation de la force navale de ces pays, est traitée en privilégiée. L'intérêt du producteur est tout, celui du consommateur n'est rien lorsqu'il s'agit de toucher à l'industrie des pêches. A preuve les incroyables résultats de l'enquête anglaise et l'accueil empressé qui a été fait à l'erreur capitale sur laquelle ils reposent, à cette imprudente déclaration niant le fait certain, le fait évident de l'infertilisation des côtes par une exploitation à outrance de toutes les régions poissonneuses.

Toutefois, l'Etat que nous citions, tout à l'heure, comme s'étant occupé du homard et de la langouste, n'a pas encore renoncé à découvrir un moyen d'arrêter la disparition de ces précieux animaux. Si l'administration de la marine, dans ce pays possesseur de plus de six cents lieues de côtes, est lasse de ne recueillir partout, sur les faits de l'industrie des pêches, que des renseignements à contre-sens de la vérité, elle ne désespère pas, cependant, de parvenir à s'éclairer avec plus de certitude à l'aide de recherches poursuivies sans la participation des pêcheurs ; mais c'est là une vaine confiance, à en juger par les résultats que nous avons sous les yeux de toute une année de laborieuses perquisitions effectuées dans l'une des principales circonscriptions maritimes de la nation.

On avait voulu relever minutieusement, jour par jour, la quantité, la dimension et l'état sous le rapport génératif, des langoustes pêchées, durant l'année, dans les eaux de cette circonscription. Ce travail, exécuté à la halle, avait pour objet de faire apprécier jusqu'à quel point il pourrait être efficace d'élever la taille au-dessous de laquelle la capture de ces crustacés est interdite. Il en ressortait : 1° que 30,000 langoustes environ avaient figuré sur le marché ; 2° que plus de la moitié d'entre elles n'atteignaient pas la taille réglementaire de 0,20 c.; 3° que les autres avaient ou dépassaient cette dimension ; 4° que pas une seule n'était grenée.

Or, l'absence complète de mère en couvaison, dans le nombre total des langoustes mises en vente à la halle, fait présumer que le relevé dont nous parlons n'offre pas l'expression de la vérité. Et, en effet, nous savons pertinemment que les pêcheurs ayant connaissance de l'enquête qui avait lieu quotidiennement à la poissonnerie, ont eu la précaution, pendant la saison du frai, de séparer les sujets grenés de ceux qui ne l'étaient pas et d'expedier les premiers, par la voie ferrée, sur les marchés de l'intérieur, afin de déjouer les investigations administratives. Il s'en est suivi que, au lieu de se procurer, ainsi que l'on en avait le désir, des indications précises sur la taille *minimum* de la langouste adulte et sur le rapport du nombre de sujets au-dessous de cette taille avec la quantité générale des langoustes capturées, on n'a obtenu que de faux renseignements, tendant à faire croire que les femelles grenées avaient été rejetées à l'eau. C'est une preuve de plus de la résistance que rencontre, chez les travailleurs de la mer, toute idée de prévoyance qui pourrait, ne fût-ce que pendant une courte période, les contraindre à ménager, au profit de l'avenir, la fertilité des fonds qu'ils exploitent.

Mais, si adroite et si persévérante que soit l'industrie des pêches à dissimuler ses pratiques professionnelles afin d'en cacher les funestes conséquences, il n'est point en son pouvoir de répandre l'obscurité sur les faits du ressort de l'histoire naturelle. C'est celle-ci et non celle-là qui doit être consultée par qui veut réellement savoir à quelle époque de l'année il pourrait être avantageux, à la multiplication du homard et de la langouste, de prohiber temporairement la pêche et la vente de ces crustacés. Nous ne sachons pas que les interdictions ou les restrictions nécessaires à la conservation du gibier, soient prononcées sur l'avis préalable des chasseurs.

L'histoire naturelle enseigne à ceux qui l'étudient pratiquement, que la langouste et le homard, presque introuvables en janvier, février et mars, deviennent plus nombreux en avril et en mai, s'agglomèrent en juin et en juillet et pondent à partir du mois d'août; que la maturation des œufs, considérée généralement, dure du mois d'août au mois de février inclusivement, c'est-à-dire sept mois; que chez les deux espèces, ce n'est pas la ponte qu'il faut protéger, mais l'éclosion; que celle-ci survient individuellement le cinquième mois après la ponte, et enfin que s'il n'en est pas exactement de même, dans nos eaux océaniques et dans nos eaux méditerranéennes, cela tient, non à une différence de mœurs ou d'instinct chez les animaux, mais seulement à une différence climatologique, qui ne peut avoir d'autre effet que celui d'avancer ou de retarder, de vingt à trente jours, l'accomplissement des phénomènes de la génération.

Ces faits étant connus de la manière la plus certaine, on ne peut que repousser absolument et l'opinion des pêcheurs de la

Méditerranée et celle des pêcheurs de l'Océan, qui placent entre le mois de février et le mois d'août l'utilité d'une mesure protectrice de la reproduction des crustacés. Quoi ! c'est avant que les femelles de ces animaux n'aient pondu et non pendant qu'elles couvent, amassés sous la queue, les germes de leur postérité, qu'il faudrait respecter leur existence ! Si ce n'est de la dérision, c'est une ignorance inexplicable chez les hommes du métier. Puisque la ponte commence au mois d'août et que l'éclosion se termine au mois de février, c'est en novembre, décembre et janvier qu'il peut être utile d'interdire la pêche du homard et de la langouste.

V

Bienfait qui résulterait de l'interdiction de la pêche à la traîne. — Inanité des mesures de détail pour remettre la pêche côtière en harmonie avec les besoins de la consommation.

Il y a peu de temps, un des journaux qui ont bien voulu s'occuper de notre livre, nous adressait le reproche d'avoir « trop « asservi aux intérêts maritimes l'intérêt pour le moins aussi « considérable de l'alimentation publique, ce redoutable pro- « blème de l'époque actuelle ».

« De ce que le peu d'inclination de nos compatriotes pour les « professions de la mer justifie l'existence de notre réserve na- « vale, ajoutait cette feuille, il ne suit pas nécessairement qu'il « faille sacrifier, à la conservation de cette réserve, une des prin- « cipales branches nourricières de la population du pays. Le « premier besoin d'un peuple n'est pas de se trouver toujours « en état de faire la guerre, c'est-à-dire de parer à une éven- « tualité. Ce à quoi il doit pourvoir d'abord, c'est la nécessité « permanente d'assurer sa subsistance. »

Sans doute, le premier des besoins, pour les sociétés comme pour les individus, est celui de se nourrir. Il n'y en a point de plus immédiat, de plus continuel et de plus impérieux ; mais s'il est toujours instant et absolu, s'il ne peut être négligé ni sacrifié à un autre, il faut convenir, cependant, qu'il est de tous nos besoins le plus facile à satisfaire. Jamais une société civilisée n'a péri de faim. Beaucoup ont disparu ou ont perdu leur splendeur, sont descendues du premier au dernier rang, parce qu'elles n'avaient pas su conserver les institutions qui avaient fait leur prospérité.

Dans tous les temps, la marine a été la source de la richesse et de la grandeur des peuples en possession de cet élément de puissance. Il est donc naturel, chez les nations qui disposent de cette cause de bien-être et de force, que les intérêts maritimes prévalent quelquefois sur d'autres intérêts. C'est ce qui a lieu, d'une façon ou d'une autre, en France, en Angleterre et dans tous les Etats ayant l'ambition de grandir et de s'enrichir par la marine. Partout l'exploitation de la mer jouit d'une protection privilégiée ou profite d'une tolérance sans limite.

Devant cette situation, qui procède d'un intérêt non moins important que celui des subsistances, nous avons dû forcément rattacher les exigences particulières de notre département de la marine à la solution du problème soulevé. En faisant valoir les besoins du consommateur, nous avons dû réserver le privilége nécessaire du producteur; mais, loin d'avoir asservi le premier de ces intérêts au second, nous avons plutôt fait dépendre celui-ci de celui-là, puisque toute notre argumentation, contre l'aquiculture et les abus de la pêche, repose précisément sur cette considération que le sort de l'Inscription maritime, en France, se lie à l'adoption et au succès des mesures à prendre dans le but d'assurer les besoins de la consommation.

Que demandons-nous en effet ?

Que l'œuvre de l'homme, cette prétendue science, cette supposition qui se nomme l'aquiculture, cesse de contrarier et d'arrêter l'expansion de l'œuvre de Dieu dans les eaux ;

Que d'infimes et insignifiantes cultures ne soient plus, dans les champs de la mer, un obstacle à l'abondance des moissons ;

Que la pêche, seule industrie naturelle des eaux salées, se modère et se règle sur la nécessité d'épargner une partie des éléments reproducteurs, soit par des alternances annuelles, soit par des réserves temporaires de portions de côte, expressément choisies, soit, enfin, par la suppression des filets traînants, ce qui vaudrait mieux et serait plus facile qu'aucune autre mesure.

Il est incontestable que ce que nous réclamons serait, du moins, quant à présent, plutôt au profit des masses qu'à celui de la réserve maritime et garantirait, par la suite, aussi bien l'intérêt du consommateur que celui du producteur.

C'est d'ailleurs reconnu ; « Mais, nous fait-on observer, à moins « de recourir au système prohibitif aboli par le traité de com- « merce de 1860, la limitation de la faculté de traîner à la voile « en deçà des eaux libres, c'est-à-dire dans la zone de nos « eaux territoriales, aurait pour conséquence de mettre l'ap- « provisionnement des marchés français à la merci de l'An- « gleterre. »

Cela pourra arriver effectivement pour ceux de nos marchés qui sont voisins de la Manche, mais il est douteux en ce qui concerne les produits de la pêche, que l'influence du libre-échange se fasse vivement sentir sur nos côtes méridionales de l'Océan ou sur nos côtes de la Méditerranée.

En tout cas, de deux maux le moindre est toujours le plus supportable. On ne saurait hésiter longtemps à se prononcer entre des pratiques abusives qui doivent nous conduire à manquer absolument de poisson et des précautions de prévoyance qui nous gêneraient présentement, mais feraient abonder la denrée dans un avenir prochain.

« Il importe peu, assure M. le docteur Turrel, que les An- « glais nous approvisionnent de poisson pendant quatre ou cinq « ans, si nous parvenons ensuite à nous passer d'eux, en ra-

« menant dans nos eaux l'abondance dont elles ont eu, autre-
« fois, le privilége. »

Du reste, il serait plutôt à désirer qu'à craindre que nous devinssions momentanément les tributaires ichtyophages de la Grande-Bretagne. Consultons, à cet égard, l'opinion d'un homme fort compétent, celle de M. le consul Sabin Berthelot. Voici ce que nous écrit ce docte ami de la mer et des poissons :

« On se trompe en disant que l'application des mesures que
« vous proposez mettrait nos marchés à la merci de l'Angle-
« terre. La pêche côtière est encore plus infructueuse de l'autre
« côté de la Manche que sur notre bord, et les Anglais paient le
« beau poisson beaucoup plus cher que nous ne le payons nous-
« mêmes. Ils font acheter, dans nos ports de l'Ouest, à Bou-
« logne, à Calais, à Honfleur, une bonne partie de notre marée
« fraîche. Ce poisson de luxe, déjà bien payé, est revendu chez
« eux à très-haut prix. Il en était déjà ainsi avant l'abolition du
« système protecteur ; nos officiers de marine commandant les
« garde-pêches l'avaient constaté et certainement cet état de
« choses n'a pas changé. Si un pareil trafic venait à s'établir à
« notre profit, sur nos côtes de la Méditerranée, si, veux-je
« dire, les Espagnols et les Sardes venaient alimenter nos mar-
« chés des produits de leur pêche, ces voisins ne pourraient
« qu'être les bienvenus. Est-ce que quand les récoltes de cé-
« réales manquent ou ne suffisent pas à nos besoins, nous n'al-
« lons pas chercher les blés d'Odessa et de Taganrog ? Les pro-
« duits de la mer ne sont pas moins importants que ceux de la
« terre dans cette grande question de l'alimentation des peuples.
« Au besoin, le commerce cherche les éléments de son existence
« et de ses profits partout où il peut les trouver. »

Ce qui résulterait de l'interdiction de la pêche à la traine, dans la limite de nos eaux territoriales, est facile à prévoir.

Si, à des engins capturant en masse le poisson et ses germes, nous substituions d'autre engins triant les récoltes et n'en retenant que les produits parvenus à un degré de développement déterminé, il devrait inévitablement survenir une diminution de la quantité de poisson pêchée. L'approvisionnement des halles serait moins considérable qu'il n'est aujourd'hui. Par suite, le prix de la marchandise aquatique renchérirait, ce qui serait une compensation pour les pêcheurs dépossédés de leurs instruments trop actifs, et ferait que le consommateur se ressentirait seul de la disette de poisson amenée par la proscription des filets traînants.

C'est là tout et pour quelques années seulement, car il n'est pas déraisonnable d'espérer, qu'une fois prise, l'habitude de n'user que de pratiques offrant le triple avantage de ne pas bouleverser les emménagements naturel des fonds, de protéger les premières phases de la fractification et d'épargner, dans la mesure nécessaire, les éléments multiplicateurs, nous verrions bientôt l'abondance renaître sur nos marchés, non plus en monceaux de fretin, mais en beaux étalages de poissons développés, représentant encore plus de nourriture par leur poids que par leur nombre.

Telles seraient, en effet, les conséquences de la réforme : un peu de gêne dans les commencements ; puis, un bien sensible et durable, la profusion de l'un des aliments le plus susceptible de foisonner et, avec elle, le retour du bon marché des autres denrées comestibles. Ces avantages valent bien l'argent qui serait employé à indemniser les pêcheurs de la condamnation d'une partie de leur outillage.

Véritablement, pendant les années de pénurie qui suivraient la suppression de la pêche à la traîne, nous vendrions moins de poissons aux Anglais et, peut-être, leur en achèterions-nous un peu, mais qu'importe? Vaut-il mieux que, laissant notre pêche côtière se consumer dans l'ornière que ses funestes routines creusent toujours davantage, nous finissions par nous trouver dans le cas de n'avoir plus ni à vendre ni à manger du poisson? C'est l'extrémité où nous conduisent l'égoïsme des intérêts présents et l'obstination de certains esprits à rattacher plus qu'il n'y a lieu le sort de notre réserve navale à celui d'une question économique.

Non possumus, disent les armateurs à la pêche intéressés au maintien du *statu quo*. C'est, en effet, impossible, assurent les croyants à la nécessité de laisser dévaster la mer pour que l'Inscription maritime ne succombe pas. Supprimer la pêche à la traîne, prétendent-ils, ce serait réduire, pour un temps trop prolongé, les moyens d'existence d'une partie de notre population maritime. Tant que la France tiendra à être une puissance riche et prépondérante, elle ne pourra pas faire le sacrifice des intérêts immédiats de cette population à la solution du problème surgissant de l'insuffisance des subsistances tirées des eaux. Ce sacrifice détournerait de leur métier bon nombre de marins et amènerait conséquemment un déficit dans les rangs de l'Inscription.

La crainte est sérieuse mais exagérée. Il ne faut pas s'en préoccuper plus qu'elle ne mérite. S'il est vrai, d'une part, que la proscription des filets traînants doive produire la conséquence fâcheuse, mais passagère, de ralentir tout d'un coup l'activité de l'industrie des pêches, d'autre part, nous ne devons pas perdre de vue que l'infertilisation de nos côtes entraîne le résultat de fermer peu à peu, mais irrévocablement, une des voies du recrutement de notre réserve maritime, en éloignant les Français de l'exercice d'une profession qui cesse d'être rémunératrice. Déjà, peut-on affirmer que sur une grande étendue de nos rivages méditerranéens, la pratique de la pêche est presque entièrement abandonnée aux Sardes et aux Napolitains. Sont ce les intérêts de ces étrangers que nous devons ménager au détriment des nôtres?

Personne ne le pense. Au contraire, désireux que l'on est d'atteindre tous les abus dont la reproduction des produits de la mer peut avoir à souffrir, on opine résolûment pour que les pêcheurs étrangers soient expulsés de nos baies et avec eux la pêche de plaisance. Cela serait bien rigoureux, au moins en ce qui concerne un divertissement toujours renfermé dans des limites très-circonscrites et qui est certainement peu coupable, sinon tout à fait innocent, de la disparition du poisson ; mais pour les gens pénétrés du respect de la légalité, la pêche réglée et autorisée au profit de nos marins qui acquittent, en échange, un tribut de service public, ne comporte ni tolérance, ni exception d'aucune sorte. Conséquemment, point de sacrifice à faire, surtout aux étrangers.

Toutefois, ce sont nos propres pêcheurs qui repoussent la prohibition de la pêche à la traîne et ceux-ci ont des titres incontestables aux ménagements de l'administration. Ne voulant pas leur imposer une mesure de conservation qui n'est pas acceptée, on se demande et on examine s'il ne suffirait pas de s'arrêter à des interdictions de pêcher telles ou telles espèces de poissons à l'époque où elles fraient.

Selon nous, ces demi-moyens seraient plus fastidieux qu'utiles, car ce qu'il faut protéger pour garantir le repeuplement des eaux, c'est moins l'émission de la semence que la germination et le développement des germes. Or, empêcher la capture d'une espèce de poisson au moment où elle va pondre, est à peu près vain si, une fois qu'elle a répandu ses œufs, les filets racleurs viennent troubler l'éclosion ou fouler et disperser les larves et les embryons qu'elle a produits.

Et puis, comment voudrait-on asseoir un système de protection catégorique et efficace sur cette diversité de mœurs et d'habitudes qui distingue une famille de poisson d'une autre cependant mêlée à celle-là et vivant avec elle dans la même prairie marine ou sous le même rocher? Comptez, nous vous prions, combien il y a d'espèces ou de variétés qui pondent, successivement ou simultanément, du mois d'avril au mois d'août, combien du mois de novembre au mois de février, et faites-vous, ensuite, une idée des entraves qu'il y aurait à apporter à la liberté de la pêche, afin de parvenir à assurer, non la reproduction de toutes les espèces, mais de quelques-unes seulement.

On y arriverait, croit-on, en interdisant l'accès du marché aux espèces dont la capture ne serait pas permise. C'est une plaisanterie. Quelle savante surveillance ne faudrait-il pas déployer aux halles, pendant neuf mois de l'année, si l'on voulait réellement réprimer les contraventions à la défense? Et quel embarras et quelle sujétion pour les pêcheurs, dans l'exécution d'une règle qui les obligerait, après chaque coup de filet, à faire le triage et le rejet à la mer, du poisson dont la vente serait prohibée! Il est facile d'apercevoir d'un seul coup d'œil toutes les difficultés et toutes les vexations qui surgiraient de cette mesure de détail d'ailleurs sans objet assurément, puisque le poisson rejeté à l'eau n'y retournerait pas en vie et que l'interdiction du marché à telle ou telle espèce ne préserverait pas sa progéniture de la destruction.

Voilà ce dont nous sommes bien pénétré et voilà pourquoi nous recommandons, non une mesure de détail, mais une mesure générale — la prohibition de la pêche à la traîne — dans le but de rendre à nos eaux littorales leur primitive fertilité, ces richesses de la mer destinées à suppléer à l'insuffisance des biens de la terre.

On a beau le redouter et l'éloigner, l'acte d'où doit sortir la restauration de l'aliment de l'industrie des pêches, cet acte est désormais si nécessaire qu'il en devient inévitable. Si ce n'est aujourd'hui, ce sera demain qu'une intelligence hardie, ayant la volonté et disposant du pouvoir de porter remède au mal, sapera ces routines surannées qui diminuent, chaque jour un peu plus, le *quantum* des ressources alimentaires que les populations attendent de la mer.

Sera-ce par la condamnation même des filets traînants que l'on atteindra le grand but que nous indiquons ? Nous ne saurions l'affirmer, mais il est évident que, pour remettre notre pêche côtière en harmonie avec les besoins de la consommation, il est indispensable de recourir à une de ces mesures générales :

Ou cantonner la multiplication du poisson par des interdictions temporaires ou définitives de la pêche, dans des espaces d'eau déterminés, ce qui serait bien difficile ;

Ou soumettre la pêche au fond à des alternances annuelles laissant en repos la moitié de l'étendue des rivages, ce qui ne serait pas non plus sans difficultés ;

Ou interdire la pêche à la traîne dans toute l'étendue de nos eaux territoriales, ce qui n'exigerait qu'une surveillance à exercer sur la forme des instruments dont les pêcheurs feraient usage en dedans de cette limite.

Si l'on ne veut d'aucune de ces trois solutions, inutile de chercher davantage ; il n'y a rien à faire, car ce ne seraient pas des dispositions de détail semblables à celles dont on a usé et abusé, dans le passé, qui pourraient régénérer la production de nos rivages dévastés.

Mais la France, cette fille aînée de la civilisation moderne, le berceau ou la patrie adoptive de tous les grands progrès de l'esprit humain, ne saurait participer plus longtemps à un invergogneux gaspillage des subsistances que la mer livre à la terre. Une nation éclairée entre toutes doit aux autres et se doit à elle-même, de donner l'exemple du renoncement à des méthodes arriérées, inintelligentes, et de montrer comment, au lieu de la tarir, on peut faire abonder et déborder cette grande source nourricière, cette fécondité des eaux salées constituée pour être immense et qui le serait réellement si nous n'en arrêtions l'expansion par notre détestable manière d'y puiser.

TOULON. — TYP. J. LAURENT, RUE ROYALE, 49.

www.ingramcontent.com/pod-product-compliance
Lightning Source LLC
LaVergne TN
LVHW012010160826
845678LV00002B/756
* 9 7 8 2 3 2 9 6 7 9 9 3 8 *